AOMI TIA

HAIZI ZUI AI KAN DE
WAIXINGREN
AOMI CHUANQI

奥秘
天下

孩子最爱看的 外星人奥秘传奇

主编 崔钟雷

北方联合出版传媒(集团)股份有限公司

 万卷出版公司

前言
PREFACE

　　没有平铺直叙的语言，也没有艰涩难懂的讲解，这里却有你不可不读的知识，有你最想知道的答案，这里就是《奥秘天下》。

　　这个世界太丰富，充满了太多奥秘。每一天我们都会为自己的一个小小发现而惊喜，而《奥秘天下》是你观察世界、探索发现奥秘的放大镜。本套丛书涵盖知识范围广，讲述的都是当下孩子们最感兴趣的知识，即有现代最尖端的科技，又有源远流长的古老文明；既有驾驶海盗船四处抢夺的海

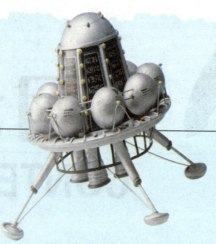

盗，又有开着飞碟频频光临地球的外星人……
这里还有许多人类未解之谜、惊人的末世预
言等待你去解开、验证。

　　《奥秘天下》系列丛书以综合式的编辑
理念，超海量视觉信息的运用，作为孩子成
长路上的良师益友，将成功引导孩子在轻松
愉悦的氛围内学习知识，得到切实提高。

编　者

奥秘天下
AOMI TIANXIA
孩子最爱看的
外星人奥秘传奇
HAIZI ZUI AI KAN DE
WAIXINGREN AOMI CHUANQI

目录
CONTENTS

Chapter 3 第三章

目录
CONTENTS

奥秘天下
AOMI TIANXIA

孩子最爱看的
外星人奥秘传奇
HAIZI ZUI AI KAN DE
WAIXINGREN AOMI CHUANQI

Chapter 5 第五章

Chapter 6 第六章

目录
CONTENTS

Chapter 7 第七章

CHAPTER 1 第一章

UFO 传说

古书内，遗迹中，古代文明里，我们听到了一个
又一个关于 UFO 的传说，它们究竟什么样子，又给
我们留下了怎样的故事……

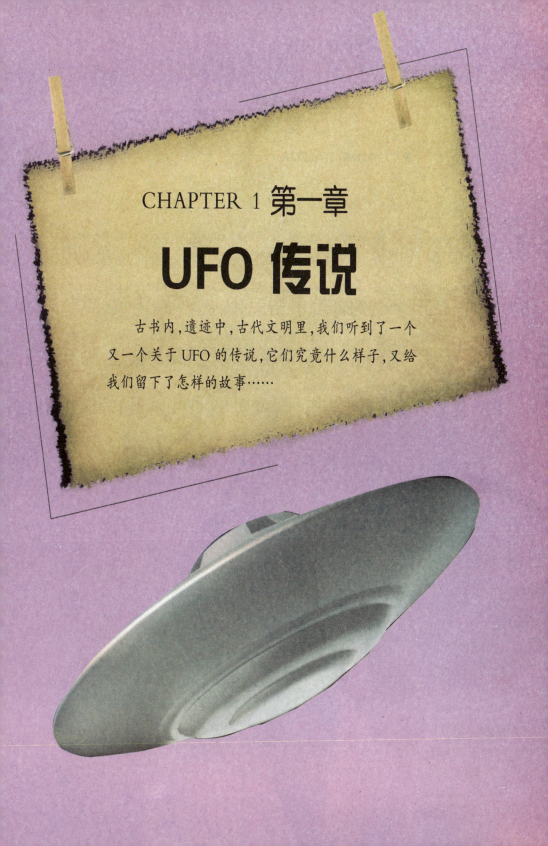

中国古籍中记载的 UFO

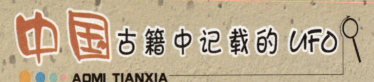

AOMI TIANXIA

中国是世界上最早记录出现不明飞行物现象的国家之一，在三四千年前的古代中国就有"飞车"的传说，后来，又有关于"赤龙"、"车轮"、"瓮"等酷似现代飞碟的描述。除了这些，在古代著名的典籍如《庄子》、《明史》、《山海经》等著作中还有关于不明飞行物的大量记载。

UFO 发光

　　人们猜测 UFO 飞行时，既无气流，也无烟团，而是发出强烈的光。

据说，苏东坡在去往杭州赴任途中，曾夜游镇江的金山寺。正在他游得意兴阑珊时，江中忽然亮起一团火来，却不知是什么。于是苏东坡在《游金山寺》一诗中记载，"是时江月初生魄，二更月落天深黑。江心似有炬火明，飞焰照山栖鸟惊。怅然归卧心莫识，非鬼非人竟何物？"

《明史》记载："万历三十年九月已未朔，有大星见东南，赤如血，大如碗，忽化为

▲唐宋八大家之一的苏东坡。

▲人们想象的 UFO 飞行的样子。

wǔ zhōng xīng gèng míng jiǔ zhī huì wéi yī dà rú lù
五，中星更明，久之会为一，大如簏。"意

nián yuè shuò rì zài tiān kōng dōng nán fāng xiàng
思是：1603年9月朔日，在天空东南方向

chū xiàn le yí gè bù míng kōng zhōng wù tǐ tā xiàng yì kē liàng
出现了一个不明空中物体，它像一颗亮

xīng fā xuè hóng sè guāng dà xiǎo xiàng yí gè wǎn tā tū rán
星，发血红色光，大小像一个碗。它突然

fēn liè chéng wǔ gè fā guāng wù tǐ sì gè wéi rào zhōng xīn
分裂成五个发光物体，四个围绕中心

de yí gè yùn zhuǎn zhōng xīn de fā guāng tǐ gèng wéi míng liàng
的一个运转，中心的发光体更为明亮，

分裂时间很长，后来又合为一个。

除了古籍，清代画作《赤焰腾空》被认为是一篇详细生动的UFO目击报告。这幅作品将当时火球掠过南京城的时间、地点、目击人数等都详细地记录了下来，成为我们现在研究UFO的一则珍贵历史资料。

▲ 宇宙中充满着秘密。

▲ 谁都不知道，古代是否来过UFO。

《新唐书》 ?

《新唐书》记载："天佑二年三月乙丑，夜中有大星出中天，如五斗器，流至西北，去地十丈而止，上有星芒，炎如火，赤而黄，长丈五许，蛇行……"这段文字也是描述当时看到的不明天体。

▲ 从古至今，UFO一直都是个谜。

UFO 与史前遗迹

AOMI TIANXIA

在美国得克萨斯州发现的恐龙足印化石旁竟发现了人类足印化石！但在恐龙在6 500多万年前灭绝后，哺乳动物才出现，而那时根本不可能有人类存在。并且科学家又在美国肯塔基州发现了10处完整的人类化石脚印。这些证据表明，在遥远的近三亿年前的洪荒时代，已有人类在这个地区活动了。

▲科学家用卫星探索地球。

1968年，有人在美国犹他

zhōu fā xiàn le yǔ yǐ zhī zuì gǔ lǎo de sān yè chóng huà
州发现了与已知最古老的三叶虫化

shí tóng shí bǎo liú xia lai de rén lèi zú yìn huà shí jù
石同时保留下来的人类足印化石。据

zhèng shí huà shí biǎomíng sān yè chóng yǔ chuān xié zhě céng
证实,化石表明三叶虫与穿鞋者曾

gòng shēng yú yí gè shí dài gēn jù mù qián de xué shuō
共生于一个时代。根据目前的学说,

rén lèi chuān shàng xié zi zhǐ yǒu shù qiān nián de lì shǐ
人类穿上鞋子只有数千年的历史,

▲ 带有人类脚印的远古化石。

人与恐龙

　　在那遥远的恐龙时代,怎么会有人的足迹呢?人和恐龙真的同时存在过?图为恐龙化石。

▲ 嵌在石头中的三叶虫化石。

rén lèi de chū xiàn yě bú guò wàn
人类的出现也不过100~200万

nián ér sān yè chóng zài miè jué qián yǐ fán yǎn le
年，而三叶虫在灭绝前已繁衍了

sān yì duō nián rén lèi de xié yìn yǔ sān yè chóng
三亿多年。人类的鞋印与三叶虫

zài tóng yì yán céng zhōng chū xiàn zhè jiū jìng yì wèi
在同一岩层中出现，这究竟意味

zhe shén me
着什么？

nián kuàng gōng men zài fǎ guó pǔ luò pān sī de yí gè cǎi shí kuàng chǎng
1786~1788年，矿工们在法国普洛潘斯的一个采石矿场

wā jué shí fā xiàn ní shā li jiā yǒu shí zhù cán zhuāng hé kāi záo guo de yán shí suì kuài yǐ jí
挖掘时，发现泥沙里夹有石柱残桩和开凿过的岩石碎块，以及

▼ 时代久远的岩石。

▲ 远古时期的钱币。

一些古钱币、已变成化石的铁锤木柄和其他石化了的木制工具。最后，还发现一块长2.6米、厚2.5厘米的木板。这块木板同其他木制工具一样已石化为一种玛瑙，且已裂为碎片。

这些奇异的现象向人类传达了这样一个信息——曾有另外一种发达的文明光顾过地球，或者曾有另外一种发达的文明在地球上存在过。

化石

古时的化石对于今天的研究有很重要的作用。

工具

在年代久远的化石中居然出现了木制工具，不知道这是否和外星人有关。

星球

除地球外，宇宙中是否存在着另一个高度文明的神秘星球？

UFO 与古代文明

AOMI TIANXIA

人类有文字可考的历史不超过5 000年,但是4 600年前的人类建筑起了大金字塔。人类穿上衣服的历史也不过只有4 000年,但在大西洋海底却发现了11 000年前的精致铜器……

这些都说明了什么?

▼古代建筑整齐而宏伟。

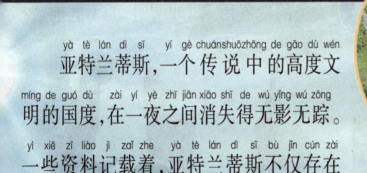

亚特兰蒂斯，一个传说中的高度文明的国度，在一夜之间消失得无影无踪。一些资料记载着，亚特兰蒂斯不仅存在过，而且具有非常先进的技术和文化。他们乘坐的飞船速度达到了100千米/时，是由一种叫"菲力尔"的燃料产生的推力，这和现在的喷气引擎非常相像。很多考古学家相信亚特兰蒂斯的居民都是外星人，世界各地的金字塔也都源于亚特兰蒂斯。人们还在亚特兰蒂斯遗址中发现了15 000年前宇宙飞船着陆的痕迹。

亚特兰蒂斯的存在能否证实外星文明的存在?也许外星智慧生命曾经干预过地球生命的演化进程,或者说在人类历史的整个进程中,UFO现象一直伴随着人类的发展历程。世界上的不同地域、

古代青铜器

这些雕刻精细并形象生动的青铜艺术品不知道是不是由外星人制作的。

20

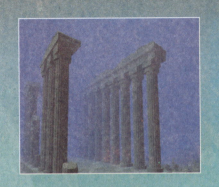

古文明之谜

　　有很多高度发达的古代文明，我们至今都无法解释。

不同民族在远古时期的传说和历史记载中都有过类似的描述，人类历史上的诸多不解之谜是UFO现象与人类历史联系的最好佐证。由于现在的人们无法了解历史上这种早已存在的星际联系的背景，因而也就无法理解这类文明遗迹的真正意义了。

金字塔的建成

　　在金字塔这样巨大工程的建造过程中，不知是否有外星人的功劳。

南美洲的巨型地画

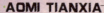
AOMI TIANXIA

纳斯卡高原隶属南美国家秘鲁，该高原地处安第斯山区，海拔4 000米，面积约300平方千米。它一度不为人知，直到此处被开辟成航线后，飞行员才发现高原表面分布着许多线条，开始时人们以为是印第安人开辟的运河。

这些线条构成了一幅幅巨大的图案，有动植物的，也有关

▼ 安第斯山是世界上最长的山脉。

▲巨型地画如数学公式般抽象。　　　▲纳斯卡巨画又称纳斯卡线条。

于人类自己的图像，有的达到方圆数千米至几十千米。地画中的线条有一条达8千米长，它始于一座山脚下而又终于山的另一边，却仍是一条非常完美的直线，它的毫不偏移展现了绘图者极为精湛的绘图技艺。

▶神秘的夜空带给我们无尽的遐想。

人们将这些巨画和星相图进行对照后发现，它们与四季的天文变化有关。这些标记

纳斯卡线条

构成图案的线条深15~20厘米，并因地表露出了黄白色土壤而呈白色。

yǒu de biǎo shì yuè liang shēng qǐ de dì diǎn　yǒu de zhǐ chū zuì liàng
有的表示月亮升起的地点,有的指出最亮

de xīng xing de wèi zhì　yě xǔ　gǔ yìn dì ān rén zhèng shì yī kào
的星星的位置。也许,古印第安人正是依靠

zhè xiē gōu hé huà　lái ān pái bù luò shēng chǎn huó dòng de
这些沟和画,来安排部落生产活动的。

nà sī kǎ dì huà zhōng yǒu yì fú qí guài de tú àn　lìng
纳斯卡地画中有一幅奇怪的图案,令

rén bù jīn xiǎng qǐ xiàn dài huà jī chǎng de tíng jī píng　huì zhì nà
人不禁想起现代化机场的停机坪。绘制那

yàng jù dà de tú huà　shì xū yào fēng fù de shù xué hé tiān wén xué
样巨大的图画,是需要丰富的数学和天文学

zhī shi de　duì gǔ dài de yìn dì ān rén lái shuō　rú guǒ tā men
知识的。对古代的印第安人来说,如果他们

线条与气候

　　纳斯卡高原上常年干旱,无风无雨,几乎寸草不生,遍地碎石。这样的气候为地画的绘制和保留提供了得天独厚的条件。

纳斯卡地画内容

　　这些巨大图案内容丰富:几何图形、类似飞机场跑道和标志线的图案、动物图案、植物图案还有人形图案。

巨鹰图案
　　图案中的鹰尾达40米左右,喙长接近100米,翼长90米。

地画与星座

让人们惊讶的是，在地画上可以找到点缀在南半球星空中的诸多星座。

制作之谜

人们到现在也不知道纳斯卡人是如何制作出这些如此巨大的地画的。

jù bèi zhè xiē zhī shi　nà me tā men de zhī shi yòu shì cóng
具备这些知识，那么他们的知识又是从

nǎ lǐ dé dào de ne　nán dào zhè xiē dì huà shì yǔ zhòuzhōng
哪里得到的呢？难道这些地画是宇宙中

xīng jì lián luò de biāo zhì　tā men de chuàng zào zhě shì wài xīng
星际联络的标志？它们的创造者是外星

rén ma　xī wàngzhè yí gè yòu yí gè de mí tuán　huì suí zhe
人吗？希望这一个又一个的谜团，会随着

kē xué jì shù de fā zhǎn yǔ kǎo gǔ yán jiū de shēn rù ér bèi
科学技术的发展与考古研究的深入而被

yī yī jiě kāi
一一解开。

探索

人们在努力地探索南美洲这些巨型地画的奥秘。

丛林中诞生的"意外"

诞生在南美丛林中的玛雅文明独特而辉煌，玛雅历法的精确性今天已经得到证实。蒂卡尔、科潘和帕伦克的玛雅建筑物中都记载了这种历法，玛雅人不是因为自己的需要而建造金字塔和寺庙的，而是玛雅历法规定每62年要建造一定级数台阶的建筑物。每一块石头都与历法有关，每一座

玛雅文明 ?

　　玛雅文明独特而辉煌，犹如一部童话篆刻在人类文明的史册上，几千年来，虽然人类文明经历了太多的风风雨雨，但是玛雅人创造的文明依然在人类文明史上熠熠生辉。

▲ 外星人是否来过这片丛林？

zào hǎo de jiàn zhù wù dōu bì xū yán gé fú hé mǒu zhǒng tiān wén
造好的建筑物都必须严格符合某种天文

shù jù de yāo qiú
数据的要求。

guān yú mǎ yǎ wén míng de tū rán xiāo shī yǒu rén rèn
关于玛雅文明的突然消失，有人认

wéi mǎ yǎ rén de zǔ xiān céng jiē dài guo shén shén céng
为，玛雅人的祖先曾接待过"神"，"神"曾

jīng xǔ nuò guo hái yào huí lai mǎ yǎ rén rèn wéi
经许诺过还要回来。玛雅人认为：

dāng zhè xiē jù dà de jiàn zhù wù àn zhào lì fǎ
当这些巨大的建筑物按照历法

xún huán de guī lǜ jiàn zào wán gōng hòu shén jiāng
循环的规律建造完工后，"神"将

huì fǎn huí dàn dāng gōng chéng wán gōng shí shén
会返回。但当工程完工时，"神"

què méi yǒu chū xiàn zhè lǐ de shén jiù shì wài
却没有出现，这里的"神"就是外

xīng rén
星人。

rú guǒ bú shì wài xīng rén jiāo shòu mǎ yǎ rén
如果不是外星人教授玛雅人

zhè xiē gāo dù fā dá wén míng de mǎ yǎ rén zěn me
这些高度发达文明的,玛雅人怎么

huì zhī dao tiān wáng xīng hé hǎi wáng xīng tā men de fú
会知道天王星和海王星?他们的浮

diāo shang diāo kè zhe jià shǐ huǒ jiàn de shén yì wèi
雕上雕刻着驾驶火箭的"神"意味

zhe shén me yì zhí jì suàn dào sì yì nián zhī hòu de
着什么?一直计算到四亿年之后的

mǎ yǎ lì fǎ yòu yì tú hé zài zhè qí zhōng de ào
玛雅历法又意图何在?这其中的奥

mì ràng rén fèi jiě
秘让人费解。

天文台
　　玛雅人为观天象,在丛林中建筑了高高耸立的天文台。

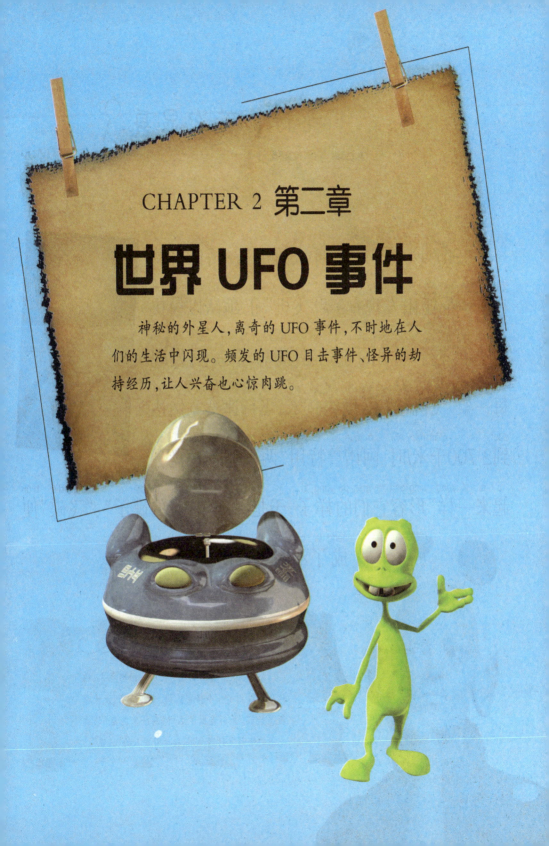

CHAPTER 2 第二章

世界 UFO 事件

　　神秘的外星人，离奇的 UFO 事件，不时地在人们的生活中闪现。频发的 UFO 目击事件、怪异的劫持经历，让人兴奋也心惊肉跳。

神秘飞行物首次显身

AOMI TIANXIA

1947年6月24日，商人凯尼斯·阿诺鲁特在雷伊尼亚山发现有9架"飞机"正编队以极快的速度飞行。他用手边工具测算了一下，发现每一架"飞机"的长度约15米，飞行速度竟然达到2 700千米/时。阿诺鲁特用"两个咖啡杯盘合起来一样"形容它们的样子。于是，"空中飞的碟子"、"飞碟"便成了不明飞行物UFO的代名词。

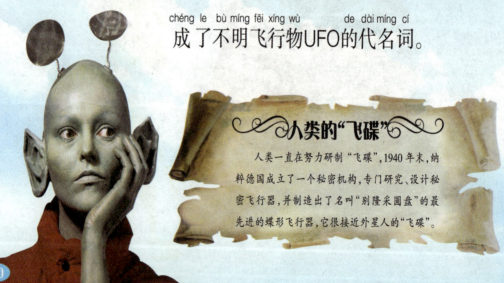

人类的"飞碟"

人类一直在努力研制"飞碟"，1940年末，纳粹德国成立了一个秘密机构，专门研究、设计秘密飞行器，并制造出了名叫"别隆采圆盘"的最先进的蝶形飞行器，它很接近外星人的"飞碟"。

同年7月末，阿诺鲁特接到一名男子的来信。信中说，他驾船在太平洋沿岸一带的海域游弋时也发现了6个奇怪的飞行物，有一架发生爆炸，并掉落了一些闪着

▲长相奇特的外星人。

光芒的白色金属片和一些像溶岩般的黑色物质。隔天便有一个神秘的男子警告他不许对外人讲起这件事，然后就消失不见了。恰巧他听到了阿诺鲁特的事，

其他星球

浩瀚的宇宙中，除了地球，或许还存在着其他高度文明的星球。

外星人的生活

越来越多的证据表明外星人的存在，那么，他们的生活是什么样的呢？

于是便寄出了这封信。

阿诺鲁特接到信后来到了飞碟爆炸的海域。经过调查，飞行

物所放出的东西有一种是管子的内衬，另外一种则是大型军

用机常用的铝。不明所以的阿诺鲁特带着空军的情报员去见

"飞碟"

一般，人们都认为外星
飞船是盘子状的，可它是否
真的如此，无人知晓。

那名男子。但那名男子一看到那个情
报员忽然改变了态度，故意装傻，矢
口否认曾经见过不明飞行物。

是什么使那名男子改变了态度，
是否真的有飞碟存在，也许这些将来
会得到证实。

▲外星人总是在夜里出现。

▼也许有一天，外星人会来到我
们的家。

33

人类与UFO的空中较量

1984年10月下午9时，夜幕已降临。北达科塔州伐可基地的可曼少尉结束了P-51战斗机训练飞行后正要返回基地，忽然他看到飞机下面有奇怪的光芒。开始他以为是气球，两三分

外星人登陆其他星球用的登陆器。

或许外星人真的是这种可爱的造型。

空中追逐

人类曾试图追捕UFO，结果以失败告终。

空战

如果UFO与人类战斗机大打出手，结果会是怎样的呢？

钟后，为了一探究竟他追了上去。发光体直径约为20米，有白

色光芒，以4 000千米/时的速度规律地移动着，可曼少尉紧追

不舍。当高度为1 500~2 100米时，光体的速度越来越快，可曼

少尉快要追不上了，他决定开火。

面对可曼少尉的攻击，光体进行

了反击，它向着可曼少尉直逼过来，不再

科幻

　　很多人相信外星人已经拥有了人类在科幻电影中才能看到的科技。

研究现状

目前，全世界很多国家都已经开展了对不明飞行物的研究，很多专门机构都拥有大批的专家，包括天文学家、化学家、物理学家和航天工程师等。

研究现状

混迹人群

也许 UFO 带来的类人生物已经生活在我们的身边了。

空中监视

人类正在建立空中网络，以图监视入侵的外星人。

一闪一灭，而是呈现出雪白的光芒。双方你来我往地对峙着，可曼丝毫不占上风。当可曼的飞机急速下降时，光体立即上升，并在上升途中更改方向，不久就消失了踪影。午后9时27分，这20分钟如恶梦般的空中战斗终于结束了。

美国航空宇宙技术情报中心对这次UFO事件进行了调查，经检测

雷达

　　一旦外星人入侵，人类的雷达系统将全力监控其动向。

难以辨别

　　或许外星人已经乔装打扮成人类的样子，但他们究竟有什么样的企图我们还不得而知。

kě màn de　　　　　fēi jǐ bǐ tóng xíng fēi jǐ de fàng shè néng gāo
可曼的P-51飞机比同型飞机的放射能高

chū le xǔ duō　dàn bèi rèn wéi shì cháng shí jiān zài gāo kōng fēi
出了许多，但被认为是长时间在高空飞

xíng de jié guǒ　kě màn de zhèng yán yě hán hu bù qīng　zài zhèng
行的结果。可曼的证言也含糊不清。在正

shì jǐ lù shang　qíng bào zhōng xīn jiāng kě màn miáo shù de　　mí
式记录上，情报中心将可曼描述的"迷

nǐ　　shuō chéng shì qì qiú　dàn shì duì yǔ　　zài kōng
你UFO"说成是气球，但是对与UFO在空

zhōng jī liè jiāo zhàn de guò chéng réng wú fǎ què qiè de shuōmíng
中激烈交战的过程仍无法确切地说明。

cǐ shì zuì hòu bù liǎo liǎo zhī
此事最后不了了之。

华盛顿上空的UFO

AOMI TIANXIA

1952年7月19日晚,华盛顿国际机场管制中心的雷达上忽然成群出现7个光点。在安德鲁兹空军基地,计算机计算出,这些光点开始的速度只有200千米/时左右,但后来突然加速到

不安的美国

UFO突然出现在美国的政治中心——华盛顿,这究竟意味着什么,美国人深感不安。

国会大厦

美国的国会大厦是华盛顿最著名、也最具代表性的建筑之一。

11 700千米/时，并向北方的白宫飞驰而去。机场指挥官、基地官员以及客机上的乘客都目睹了这一切。

同年7月26日晚，华盛顿的上空再度出现不明飞行物。这次美军早有准备，机场管制塔台的雷达对光点穷追不舍，军方高层也派出F-94战斗机进行侦查。但是

▼出现在华盛顿上空的UFO。

强大的美军

美军历来是军事世界中的强者，是美国的强大后盾，但当对付来意不明的UFO时，美军却显得有些力不从心。

真相到底是什么

美军曾大动干戈，出动多架次战斗机迎击UFO，却没有丝毫收获。出现在华盛顿上空的UFO又给人类留下了难解之谜。

F-94战斗机根本就追不上不明飞行物，后来，不明飞行物消失了。

美国军方在过后举行的记者招待会上声称，这些飞行物是受气温逆转层的影响而在雷达上反射出来的光点而已。但F-94的飞行员确信自己看到的是坚硬的固体物质，也许军方是为了避免引起恐慌，才采取了这样的权宜之计吧。

▼公路上空的UFO。　▼先进的外星航天器。　▼神秘的多维空间。

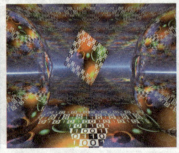

CHAPTER 3 第三章

外星人暴行记录

地外智慧生物频繁现身地球，各种离奇事件不断发生，这些诡异而又奇幻的事件，让人更加捉摸不透外星人，它们究竟是天外的使者，还是星际的暴徒。

神秘的劫持事件
AOMI TIANXIA

1957年,巴西青年韦拉斯·波阿斯正在田间劳动,忽然被几个戴风帽的外星人劫持。他被带入一个飞行器内,并与一个女外星人亲密接触。之后,那些长着杏仁大眼睛的外星人便将他放回家。经证实,韦拉斯·波阿斯在事后生了一场大病,卧床不起达几个月之久,并且表现出典型的被放射线照射过的症状。

劫持事件 ?

外星人为什么要劫持人类呢,它们是想通过研究增进对人类的了解吗?被劫持的人究竟经历了什么,但愿他们的被劫持经历会对人类研究外星人有所帮助。

1967年，美国青年希尔在内布拉斯加州阿什兰附近也被劫持，之后他受到了严重刺激。据希尔所述，那些外星生物让他向人类转达的信息与20世纪50年代的"被接触者"们的报告非常相似。所以，很多人相信，这些人确实是被外星人劫持了。

一家人的奇遇

AOMI TIANXIA

丧失的记忆

人的记忆是很独特的，然而外星人能够凭借先进的生物科技让人类忘记曾经的某一段经历，这不得不让人惊叹。

神奇的催眠术

催眠术是一项古老而又充满神秘色彩的心理干预手段，曾经有过不平凡经历的人可能会在催眠的状态中回忆起已经忘记的经历。

1978年6月19日，约翰一家驱车行驶在回家的路上。他们到达牛津郡的斯坦福特镇时正好是21时15分，再有1小时就可以到家了。

突然，约翰看到1 000米远处的上空有一个耀眼的发光飞行物，车里的妻子和三个孩子也看见了。在不知不觉

殖民者

很多人认为，不断发生的外星人劫持事件证明外星人就是将目标锁定为地球的殖民者。

间,约翰一个急转弯后发现自己已身在家门口,此时是23时15分了。他大吃一惊,因为自己本该在一小时前就到家的。

几天后,约翰和家人的身上都出现了红斑,5岁的女儿娜塔莎夜里经常哭醒,她告诉妈妈梦里有许多奇怪的人盯着她。约翰确信,在他们归途的某段时间里一定发生了某种古怪的事。于是,全家人接受了催眠治疗。

文明遗迹

不仅仅是外星人劫持事件令人们惊奇,传言中外星人留下的文明遗迹更是让人叹服。

保护

如果外星人入侵,人类将誓死捍卫地球。

人类的未来

对于人类来说,外星人可能是危险的,但是人类还是希望能够与外星人和平共处,共同开发宇宙空间。

灾难

地球遭到外星人打击假想图。

45

▲ 外星人会不会是从资源枯竭的行星上移民的生物呢？

▲ 外星人是如何穿越遥远时空，来到地球的呢？

据约翰回忆，在回家途中，他和家人被一些外星人接进了飞碟当中。在飞碟内，外星人用英语告诉他，他们生活在一个叫萨顿的星球，后来，萨顿星球衰退，并发生爆炸，他的家人在爆炸中丧生。幸存者都逃上了一艘基地飞船，他们发现了地

^{qiú} ^{xiǎng zài dì qiú shàng shēng huó}
球,想在地球上生活。

^{yuē hàn hé jiā rén dōu huí yì qǐ lí kāi}
约翰和家人都回忆起离开

^{zhè sōu fēi chuán zhī qián} ^{wài xīng rén gěi le tā men}
这艘飞船之前,外星人给了他们

^{měi rén yì bēi wú sè de yè tǐ ràng tā men hē xià}
每人一杯无色的液体让他们喝下

^{qù shuō} ^{zhè kě yǐ bāng zhù nǐ men wàng jì zhè}
去,说:"这可以帮助你们忘记这

^{yí qiè}
一切。"

^{rú guǒ shuō yuē hàn yì jiā de shuō fǎ shì}
如果说约翰一家的说法是

^{biān de gù shi} ^{nà me yì jiā rén zài cuī mián zhōng}
编的故事,那么一家人在催眠中

^{dōu néng fù shù tóng yàng de nèi róng} ^{zhè shí zài shì}
都能复述同样的内容,这实在是

^{tài qí guài le}
太奇怪了。

▲催眠时使用的工具。

穿越时空

　　外星人很有可能是未来的掌握了极度发达科技的生物,他们已经掌握了时空旅行的关键技术,并可以在宇宙空间中来去自如。

奇异的旅行
AOMI TIANXIA

贝蒂的奇遇

贝蒂在催眠状态下回想起来的被劫持经历充分说明，并想向地球人传达某种信息，只是人类还不知道他们是敌是友。

智能生命的存在

不断发生的劫持事件让人们越来越相信智能生命的存在，而且人类也不能单凭现在科学视野就否定外星智慧生命的存在。

30岁的贝蒂已经结婚了，还是7个孩子的母亲。1967年1月的一个晚上，她正在厨房里做饭，突然所有屋里的灯全部熄灭，窗外发出一道跳跃的红光。

难忘的经历

贝蒂在被劫持后究竟经历了什么，我们已经无从知晓，但可以肯定的是，那一定是一段难忘的经历。

一些形似人类的生灵径直地穿过木门——好像门并不存在一样，进到贝蒂的家里！那些造访者的体态和相貌都很相似，唯有他们的"首领"比其他人高一点。他们皮肤灰暗，大脑袋，大眼睛，耳朵和鼻子的位置都是一些空空的黑洞，嘴巴模糊，像一道疤痕。他们穿着发亮的灰黑色制服，左袖口上带着一个展翅飞翔的鸟形状的标记。当时贝

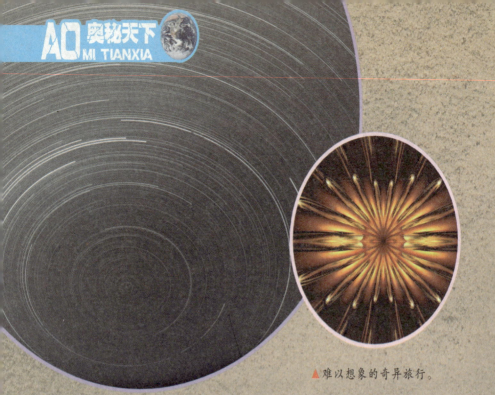

▲难以想象的奇异旅行。

▲先进的星际飞船。

dì hé tā de hái zi men yǐ jí lín jū dōu kàn jiàn le zhè xiē
蒂和她的孩子们以及邻居都看见了这些。

nián zhī hòu bèi dì cái jiāng zhè jiàn shì
8年之后，贝蒂才将这件事

gào su le bù míng fēi xíng wù yán jiū zhōng xīn jīng
告诉了不明飞行物研究中心。经

guò cuī mián bèi dì huí yì qǐ shì wài xīng rén jiāng
过催眠，贝蒂回忆起是外星人将

tā jié chí dào yí gè bù míng fēi xíng wù shang zài
她劫持到一个不明飞行物上。在

nà lǐ bèi dì jiē shòu le yí cì tǐ jiǎn bìng
那里，贝蒂接受了一次体检，并

且她仔细地观察了那里的古怪设施。据贝地称：它们为她导演了一出寓意深刻的戏，包括穿过一座古怪的城市，并且看见一只大鸟首先被大火烧焦，接着又像传说中的凤凰一般从灰烬中复生。此时响起一曲柔和而悠扬的如圣诗般的齐诵曲，并且有人对她宣布她已经成为向人类传递信息的使者。

这次奇异的旅行是否真实还有待证实，但使我们对外星人的了解更加深了一步。

▲人类能够听懂外星人传达的信息吗？

▲外星人会以时空旅行的方式到达地球。

▲但愿人类与外星人的对话能够早日实现。

神秘的死亡

AOMI TIANXIA

suì de yīng guó rén xī gé méng yà dāng sī jī zhù
56岁的英国人西格蒙·亚当斯基住

zài yīng guó lì fēi shì jiāo nián yuè rì tā wài
在英国利菲市郊，1980年6月11日，他外

chū qù fù jìn shāng diàn mǎi dōng xi shí shī zōng tiān hòu tā
出去附近商店买东西时失踪。5天后，他

de shī tǐ zài lí tā jiā qiān mǐ wài de tǔ dé mò dùn de
的尸体在离他家30千米外的土德莫顿的

yí zuò méi chǎng de méi duī shang bèi fā xiàn
一座煤场的煤堆上被发现。

xī gé méng shī tǐ de mǒu bù fen bèi fǔ shí xìng wù zhì shāo zhuó guo nà zhǒng shén mì de
西格蒙尸体的某部分被腐蚀性物质烧灼过，那种神秘的

fǔ shí xìng wù zhì zhǐ shāo shāng le tā de tóu pí bó zi
腐蚀性物质只烧伤了他的头皮、脖子

幸福还是灾难

神秘的 UFO 光顾
地球，这是人类的幸福，
还是在酝酿着巨大的灾
难呢？

52

和脑后的皮肤而已，可连法医专家也不知道这神秘物质究竟是什么。医生检查后断定他死于心脏病。

西格蒙的死因成了谜团。五个月后，当时赶到现场的一位警察声称他看到了不明飞行物。专家在对他的询问中发现，他有长达15分钟的记忆空白。经过

催眠，他说自己被一束光照得几乎

奇怪的尸体

尸体是被拉煤的工人发现的，他说自己一直在这里拖煤，而且白天他还装了好几趟，但煤堆上并没有任何东西，发现尸体时，它被放在了煤堆很显眼的地方，谁也不知道这是怎么回事。

▲外星人给我们带来了太多的神秘。

睁不开眼，有8个一米高左右的人对他进行了身体检查。

更有报道称：在亚当斯基的尸体被发现前一小时，有另一位警察也曾在煤堆上空看到过不明飞行物。经过催眠，调查人员认为他没有撒谎。难道，亚当斯基的死亡真的与不明飞行体有关吗？此事件到目前为止，仍是未解之谜。

CHAPTER 4 第四章

惊人的报道

一篇篇惊人的报道频频出现在读者面前，神秘的光环到底是什么？太阳系的神秘来客又是谁？让我们擦亮眼睛，一探事情的究竟。

神秘的 光环
AOMI TIANXIA

▲ 耀眼的光环。

yīng guó shèng gōng huì de jī ěr shén fu zhèng zài wài miàn sàn
英国圣公会的基尔神甫正在外面散

bù tā yǎng tóu níng shì yè kōng shí tū rán fā xiàn yì xiē shǎn liàng
步，他仰头凝视夜空时，突然发现一些闪亮

de wù tǐ cóng bú duàn zēng hòu de yún céng zhōng shǎn xiàn shǐ liú yún
的物体从不断增厚的云层中闪现，使流云

zhào shàng le yì céng shǎn liàng de yùn quān jiē zhe jǐ gè xiàng rén
罩上了一层闪亮的晕圈。接着，几个像人

yí yàng de shēng mìng tǐ cóng yí gè wù tǐ zhōng fú xiàn chu lai
一样的生命体从一个物体中浮现出来。

zhè ge fēi xíng wù lí dì miàn zhǐ yǒu mǐ gāo zhì shǎo yǒu
这个飞行物离地面只有30米高，至少有38

望远镜
　　人们利用望远镜
来观察天空中神秘的
光环。

人看到了飞行物及上面的人影，历时约三个小时。

基尔神甫将他看到的一切详细地记在了笔记本上，另有25位成年目击者在他的这份报告上签了名，报告上标明的日期是1959年6月26日。

第二天夜里，这个奇怪的物体又出现了。只见四个家伙离开了那个似乎是"母舰"的东西到舱外活动着，同时还发现了两个小的不明飞行物，一个在神甫的头顶上

神甫的记录

神甫看到的外星人是否与人类长得很相似呢？

UFO 目击事件？

从二十世纪四十年代开始，世界各地的UFO目击时间急剧增多，很多人认为外星人真的存在，也有人认为这只是无聊之人的恶作剧，而天文学界关于UFO的争论也从未停止。

kōng líng yí gè zài lí tā bù yuǎn de shānshang dāng qí zhōng yí gè wài xīng rén xiàng xià kàn de
空,另一个在离他不远的山上。当其中一个外星人向下看的

shí hou shén fu shēn chū le shǒu bì huī wǔ zhe nà ge jiā huo yě huī le huī shǒu bì
时候,神甫伸出了手臂挥舞着,那个家伙也挥了挥手臂。

zhè ge bù míng fēi xíng wù tíng liú zài zhè ge chuán jiào tuán shàng kōng zhì shǎo yǒu gè xiǎo shí
这个不明飞行物停留在这个传教团上空至少有1个小时。

hòu lái suí zhe tiān kōng biàn àn hé yún céng jiā hòu jiù shén me yě kàn bu dào le shí fēn
后来随着天空变暗和云层加厚就什么也看不到了。22时40分,

奇异的光环

天空中奇异的光环,是否与外星人有关呢?

无从考证

外星人事件频频发生,可其真实性却无从考证。

土星光环

提到光环,我们首先想到的是土星光环。

神甫的疑问

　　神秘的光环是神
甫感到奇怪,难道这个
星球有了新的光源吗?

一阵巨大的爆炸声震醒了已经熟睡的
人们。他们跑了出去,但天空中什么也
看不到。

　　基尔神甫将这一切报告给了英国
空军。神甫承认,他当时认为那是美国
最新研制的飞机,但经过证实没有任何
飞机抵达那里。这究竟是怎么一回事?

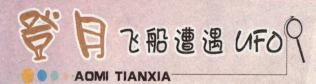

登月飞船遭遇UFO

AOMI TIANXIA

1969年7月20日22时56分，美国宇
航员阿姆斯特朗、柯林斯和奥尔德林
乘坐的"阿波罗11号"宇宙飞船在月球
成功着陆，登月计划顺利完成。

就在"阿波罗11号"进行
史无前例的登月的前一天，奥
尔德林拍摄到了一系列不明飞行物的彩
色照片。从照片上可以看到
排列在一起像"雪人"状的
UFO出现在月球表面的
左侧。两秒钟后，排列成

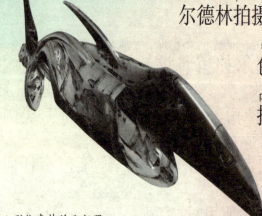

▲ 形状奇特的飞行器。

"雪人"状的UFO垂直地向右运动。最奇特的是，那些UFO似乎在排气，出现了像尾迹一样的喷射现象，并且尾迹越来越长。经专家反复分析，认为尾迹与光束显然不同，它是以真空环境为背景的、非常像液体的一种喷射。这是一种较为特殊的现象，人类也是第一次发现这种尾迹。

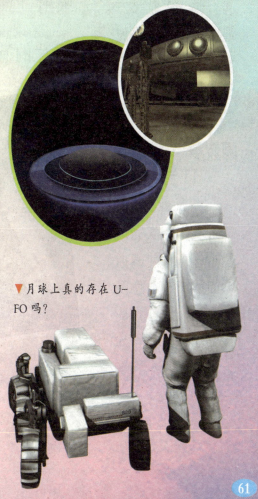

▼月球上真的存在U-FO吗？

jīng guò duì zhè yì lián chuàn zhào piàn jìn xíng jīng mì de fēn xī yán
经过对这一连串照片进行精密地分析研

jiū rén men fā xiàn zhè zhǒng pēn shè shì shùn jiān tíng zhǐ de bìng
究，人们发现这种喷射是瞬间停止的，并

qiě zài kōng zhōng liú xià le yì tiáo cháng cháng de liú dòng de wěi
且在空中留下了一条长长的、流动的尾

jì zhè gèng shuō míng zhè zhǒng pēn shè sì hū shì yì zhǒng yè tǐ
迹。这更说明这种喷射似乎是一种液体

pēn shè dàn yě kě yǐ rèn wéi shì yì zhǒng shén me xìn hào cóng
喷射，但也可以认为是一种什么信号。从

zhào piàn de gǎn guāng qíng kuàng lái kàn de pái liè zhuàng
照片的感光情况来看，UFO的排列状

又一次发现

1966年，当"双子星座11号"绕地飞行时，宇航员发现了一个与"阿波罗11号"拍到的十分类似的不明飞行物。

阿波罗 11号

阿波罗11号使人类第一次完成登月任务。阿姆斯特朗成为了首位踏上月球的人。从此以后，人类首次在月球上留下了足迹。

◀ 外星人是否也会用先进的仪器观察地球呢？

况一直在慢慢地、不停地变化着。

美国人对"阿波罗11号"在月球上拍摄的这一系列照片最初只进行了秘密审查,并没有向全世界公开。虽然尚不清楚该物体是什么,但不明飞行物的存在已不再令人怀疑。

地位

人类登月的成功极大地推进了人类探索太空的计划。

现代化实验室

在现代化的实验室里,科学家们可以更好地研究在月球上拍摄的照片。

探索月球

人类登月的成功极大地推进了人类探索太空的计划。

不断探索

对于在月球中发现的物体到底是什么,科学家们始终没有放弃探索。

坠毁的不明飞行物

AOMI TIANXIA

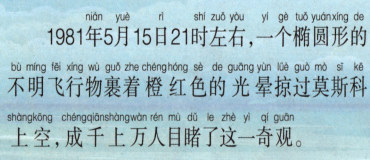

1981年5月15日21时左右，一个椭圆形的不明飞行物裹着橙红色的光晕掠过莫斯科上空，成千上万人目睹了这一奇观。

5月15日晚22时左右，一位猎户讲述，他在奥卡河附近的山谷中装捕兽器，忽然发现空

中有一道亮光 从莫斯科方向
冲向了谷底，发出一声巨大的
响声，火光中有一个橙红色
的形状 像桶一样的物体。

物理学家齐盖尔在17日赶到
了山谷，并在谷底发现了一个底
部损坏的橙红色的桶状物体，
他们穿上防辐射航天服进入了

▲ 坠毁的飞碟。

▲ 神秘的飞碟事件一直是人们关心的话题。

▲ 想象中的飞碟爆炸。

飞行姿态 ?

据目击者称，UFO最常见的飞行姿态
就是纹丝不动地悬停在空中，而且随时都
能以极高的速度向任何方向运动。

▲外星球上也有类似地球的冶炼厂吗？　　　▲世界各地的科学家们都对坠毁的飞碟充满了兴趣。

物体内部，发现里面分为上下两层，上层似乎是驾驶舱，里面所有物品都被烧化并已凝固。驾驶室中两位类人模样的驾驶员已被烧得枯焦，无法辨认其面部和四肢。下层有紧闭的舱门，已由于高温或撞击而损坏，大家想尽了一切办法也没能进去。

　　他们将碎片带回去研究发现，这种金属碎片好像是由铝和镁两种金属组成的，但它的成分、比例完全不同于地球上

无限遐想

　　飞碟的出现总会给人们带来无限的遐想。

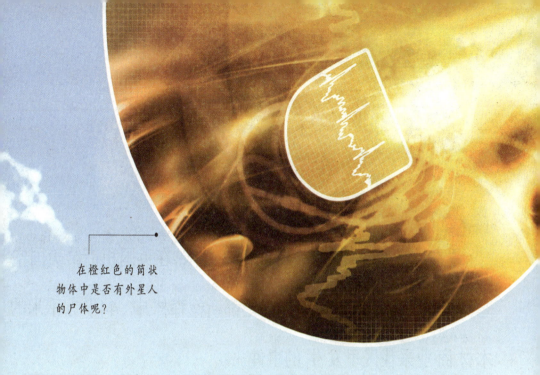

在橙红色的筒状物体中是否有外星人的尸体呢？

shǐ yòng de lǚ měi hé jīn yīn cǐ zhè zhǒng jù yǒu tè shū gòu chéng de suì piàn zhǐ néng lái zì dì
使用的铝镁合金，因此，这种具有特殊构成的碎片只能来自地

qiú zhī wài
球之外。

jì gài ěr jīng guò shēn rù yán jiū hòu rèn wéi zhuì huǐ de fēi xíng qì yǔ chū xiàn zài mò sī
齐盖尔经过深入研究后认为，坠毁的飞行器与出现在莫斯

kē shàng kōng de bù míng fēi xíng wù shì tóng yí gè wù tǐ fēi xíng qì nèi de jià shǐ yuán bèi shāo
科上空的不明飞行物是同一个物体。飞行器内的驾驶员被烧

de kū jiāo zhè biǎo míng tiān wài lái kè xiàng rén lèi yí yàng shì yóu tàn yuán sù gòu chéng de lìng
得枯焦，这表明天外来客像人类一样是由碳元素构成的。另

wài zhè ge bù míng fēi xíng qì
外，这个不明飞行器

yǐ bèi jūn fāng mì mì yùn zǒu bìng
已被军方秘密运走并

fēng cún
封存。

工作原理

目前，人类还不知道 UFO 究竟是靠什么工作原理运动的。

本维特斯事件

AOMI TIANXIA

běn wéi tè sī shì jiàn shì zhǐ nián yuè mò zài yīng guó zū jiè gěi měi guó kōng
"本维特斯事件"是指1980年12月末,在英国租借给美国空

jūn de běn wéi tè sī jī dì zǒng bù fù jìn de lún dū sī hàn sēn lín zhōng píngfāngqiān mǐ de
军的本维特斯基地总部附近的伦都斯翰森林中,44平方千米的

mù cái shāng yè cǎi fá qū lǐ fā shēng de shì jiàn
木材商业采伐区里发生的事件。

神秘的 UFO

UFO 的神秘激发了人们追寻和探索的热情。

无从查证

尽管人们已经确定了森林中的物体不是飞机,但它究竟是什么还无从查证。

科技水平

如果外星人真的存在,那么他们的科技水平一定相当发达。

一名身为基地总部安全军官的美国空军人员说，1980年12月末，空军基地接到报告说在森林中发现了一架飞机。然而，奉命而来的调查人员发现那不是一架飞机，而是一个飞碟。除了飞碟之外，还有一个一米高的三维物体，呈银白色，并发着光。这个飞碟的外表显然损坏了，而三维物体是来对它进行修理的。调查人员开始接近飞碟，飞碟发出耀眼的蓝光和红光，并不断伸出6只可以随意移动的"触角"，似乎在逼迫人们后退。在走走停停中，调查人

外星飞船

很多科学家都相信，外星人的飞行器很有可能是一种可以在宇宙空间中自由运动的载体，也可能是一种能够穿越时空的超级仪器。

首次报道

关于本维特斯事件的最初报道出现在美国《OMNI》杂志。

疑云

UFO犹如人类心头上的一朵疑云，让人类对未知的世界充满向往。

员一直跟踪，4个小时之后，飞碟似乎被三维物体修好了，两个不明飞行物从地面升起，以极快的速度飞走了。

本维特斯基地的司令泰德·康拉德上校于第二天上午开始进行简单地调查研究。他来到森林里探

▲ 森林中的 UFO。

人类的努力

如果人类能够有更加发达的科技，人类自身便也有可能掌握更加强大的力量。

▲在天空中，我们总能看见不明的飞行物体。

míng le yí gè xiǎn rán shì yóu sān jiǎo jià liú xià de sān
明了一个显然是由三脚架留下的三

jiǎo xíng yìn jì　　zhè ge sān jiǎo xíng yìn jì yuē　　mǐ
角形印迹，这个三角形印迹约2~3米

kuān　　mǐ shēn mù jī zhě shuō zhè ge fēi xíng wù de
宽，2米深。目击者说，这个飞行物的

▲夜空中的不明飞行物。

dǐng duān fā chū mài chōng hóng guāng　qīng xié de cè
顶端发出脉冲红光，倾斜的侧

xià miàn fā chū lán guāng　　tā hái yòng bái guāng zhào
下面发出蓝光，它还用白光照

liàng le zhěng gè sēn lín　dāng jūn rén men jiē jìn
亮了整个森林。当军人们接近

tā shí　tā biàn jī líng de chuān guò shù lín xiāo
它时，它便机灵地穿过树林消

shī le
失了。

太阳系的神秘来客
AOMI TIANXIA

▲ 神秘的天外来客。

1983年1~11月，美国的一颗红外天文卫星在猎户座方向发现了一个有稳定轨道的神秘天体。美国天文学家宣布，它也许就是从宇宙深处飞来的UFO基地。1988年12月，苏联科学家也

射电望远镜

人类通过射电望远镜可以观察宇宙中是否有 UFO 基地。

发现了这一现象。美苏两国都认为那颗卫星是来自宇宙中的第三国。

根据苏联的信息显示，这颗卫星体积巨大，具有钻石一样的外表，且有强磁场保护；内部装有十分先进的探测仪器，它似乎有能力扫描和分

▲猎户座。

猎户座

猎户座是夜空中最壮丽的星座，星座主体由参宿四和参宿七等4颗亮星组成一个四边形，四边形的中央有三颗呈直线的小星，像是系在猎人腰上的腰带，下面的三颗星像是腰带上的剑，整个形象昂首挺胸，十分壮观

xī dì qiú shang de suǒ yǒu dōng xi
析地球上的所有东西，

bāo kuò rén lèi　tā tóng shí hái zhuāng
包括人类；它同时还装

yǒu qiáng dà de fā bào shè bèi　kě
有强大的发报设备，可

yǐ jiāng sōu jí dào de zī liào chuán
以将搜集到的资料传

sòng dào yáo yuǎn de tài kōng zhōng qù
送到遥远的太空中去。

卫星

通过卫星的侦察，我们可以了解太阳系的神秘物质到底是什么。

sū lián kē xué jiā yú　shì jǐ　nián dài chū qī　shǒu cì zài dì qiú guǐ dào shang fā
苏联科学家于20世纪60年代初期，首次在地球轨道上发

xiàn chuán tǐ de tè shū cán hái　jīng guò duō nián yán jiū　tā men cái què xìn nà shì yì sōu yóu yú
现船体的特殊残骸。经过多年研究，他们才确信那是一艘由于

nèi bù bào zhà ér biàn chéng　kuài suì piàn de wài xīng tài kōng chuán de cán hái　ér měi guó de yí
内部爆炸而变成10块碎片的外星太空船的残骸。而美国的一

wèi tiān wén xué jiā de fēn xī yǔ sū lián kē xué jiā de yán jiū jié guǒ bù móu ér hé
位天文学家的分析与苏联科学家的研究结果不谋而合。

▼神秘的外太空飞船。　　▼太阳系家族。　　　　　▼一些天文或大气现象有时也会被当做是UFO。

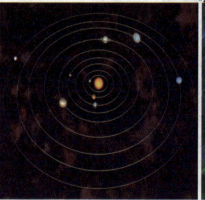

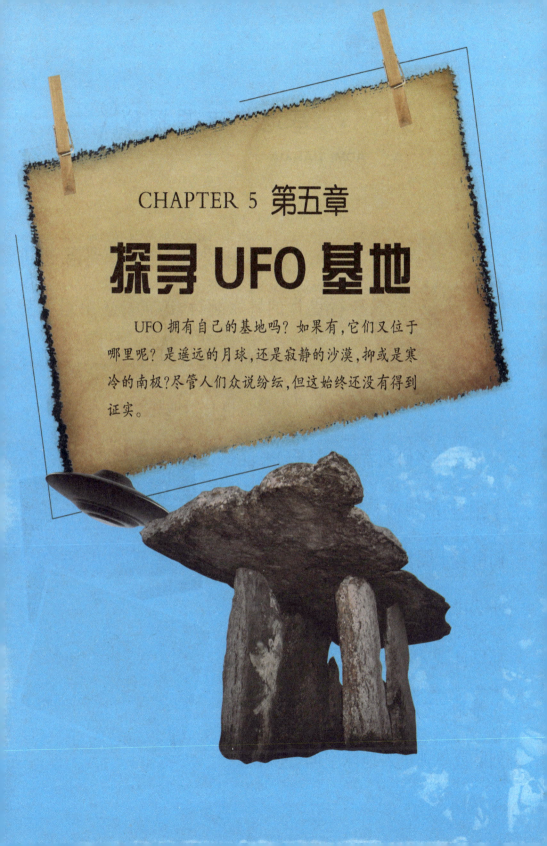

CHAPTER 5 第五章

探寻 UFO 基地

UFO 拥有自己的基地吗？如果有，它们又位于哪里呢？是遥远的月球，还是寂静的沙漠，抑或是寒冷的南极？尽管人们众说纷纭，但这始终还没有得到证实。

UFO 基地与来源探秘

AOMI TIANXIA

duì tài kōng de tàn suǒ shǐ rén lèi yì shí dào yào xiǎng jìn
对太空的探索使人类意识到,要想进

xíng gèng yuǎn de xīng jì háng xíng jiàn lì tài kōng zhōng jì zhàn shì
行更远的星际航行,建立太空中继站势

zài bì xíng dì qiú rén shàng qiě rú cǐ nà me zào fǎng dì qiú
在必行。地球人尚且如此,那么造访地球

de wài xīng rén shì fǒu yě yǒu jī dì ne
的外星人是否也有基地呢?

yǒu xǔ duō yán jiū zhě rèn wéi lái zì
有许多研究者认为:UFO来自

tài kōng zhōng de yín hé xì huò qí tā xīng xì tā
太空中的银河系或其他星系。它

men yóu ruò gān sōu páng dà de yǔ zhòu fēi chuán
们由若干艘庞大的宇宙飞船——

mǔ jiàn tǒng yī yùn dào tài yáng xì fù jìn zài
UFO母舰统一运到太阳系附近,在

nà lǐ zì chéng jī dì huò zài mǒu gè xīng qiú shang jiàn
那里自成基地或在某个星球上建

lì jī dì zhī hòu fàng chū zǐ fēi dié shǐ tā men
立基地,之后放出子飞碟,使它们

liè duì huò dān dú jìn rù dì qiú kōng jiān jìn rù dì
列队或单独进入地球空间。进入地

球的UFO有时无乘员驾驶，受母舰遥控；有时由类人生命或机器人控制。它们可能在太阳系的金星或其他行星上建立过"中继站"，也可能在月球上歇过脚。迄今为止，已有很多证据证明月球是UFO基地。

有人认为：UFO是地球上一种高等智慧生物的乘具，他

地心基地

地心有飞碟基地吗？这听起来简直是天方夜谭。

men cháng qī yǐ lái jū zhù zài dì qiú shēn chù　tā men bù xí guàn
们长期以来居住在地球深处。他们不习惯

zài dì qiú biǎomiàn de kōng qì zhōngshēnghuó　yīn ér xū yào chéng tè
在地球表面的空气中生活，因而需要乘特

shū fēi xíng qì cái néng chū rù dì qiú kōng jiān　qí chū kǒu wǎngwǎng
殊飞行器才能出入地球空间。其出口往往

jiàn zài shēnshān xiá gǔ zhī zhōng　huò zài huāng wú rén yān de dà shā
建在深山峡谷之中，或在荒无人烟的大沙

mò shēn chù　yě yǒu rén rèn wéi　dì céng de liè fèng shì tā men de
漠深处。也有人认为，地层的裂缝是他们的

tiān rán chū kǒu　suǒ yǐ nà lǐ wǎngwǎng shì　　　xiàn xiàng de gāo
天然出口，所以那里往往是UFO现象的高

fā dì qū
发地区。

海底基地

据说，几万年前的大西洋上有一个大西国，后来由于洪水沉入海底。大西国的人随后转入海底生活，有时乘UFO冒出水面。

百慕大三角

百慕大三角是一个三角区海域，因时常发生超自然现象以及违反物理规律的事件而被称为魔鬼三角或丧命地狱。

UFO基地

也许在地球的某个未知角落，就存在着外星人巨大的基地。

在这片未知的天空，是否会有外星人的基地呢？

法国一位资深新闻记者提出中国西北茫茫戈壁中存在UFO基地，百慕大三角海域可能就是其中之一；还有人认为南极是UFO基地。总之，众说纷纭，难以辨别。

月球基地
●●●● AOMI TIANXIA

1968年12月21日上午7时51分,阿波罗8号飞船从肯尼迪宇航中心飞向月球,他们用望远镜照相机拍摄了第一张月球背面的照片。这是人类长期争论不休的UFO存在的实证。因为照片中的UFO是在不

▲月球的另一面是否有外星人的基地呢？

tóng gāo dù pāi shè dào de　　suǒ yǐ bù qīng chu tā men shì
同高度拍摄到的，所以不清楚它们是

fǒu shǔ yú tóng yì zhǒng　　tuō ēn　wēi ěr xùn zài qí suǒ zhù
否属于同一种。托恩·威尔逊在其所著

de　　yuè qiú de yuán zhù zhě　　yì shū zhōng zhè yàng xù shù
的《月球的原住者》一书中这样叙述

dào　　ā bō luó　hào yú huí dào yuè qiú bèi miàn shí　fā xiàn le zhèng zài zhuó lù de jù dà fēi
道："阿波罗8号迂回到月球背面时，发现了正在着陆的巨大飞

dié　bìng qiě chénggōng de pāi shè le nà zhāng zhàopiàn　zhè ge wù tǐ zhí jìng yǒu　qiān mǐ dà
碟，并且成功地拍摄了那张照片。这个物体直径有10千米大。

dāng fēi chuán zài yí cì lái dào yuè qiú bèi miàn shí　yǔ háng yuán men zhǔn bèi zài pāi yì zhāng zhào
当飞船再一次来到月球背面时，宇航员们准备再拍一张照

如果月球上真的
存在外星人，那么他们
可能正在注视着我们。

piàn kě shì nà ge jù dà de wù tǐ què xiāo shī de wú yǐng wú zōng lián yì diǎnzhuó lù de hén jì
片，可是那个巨大的物体却消失得无影无踪，连一点着陆的痕迹

dōu méi yǒu liú xià
都没有留下。"

nián yuè rì tài yángshén hào yǔ zhòu fēi chuán zài bèn xiàng yuè qiú de tú
1969年7月19日，太阳神11号宇宙飞船在奔向月球的途

▶ UFO 的基地到底在
什么地方呢？

建立基地

外星人很可能在距地球最近的月球上建
立了隐蔽的基地，基地中有外星人的专门研究机
构，它们时刻在注视着地球。

中，宇航员们发现不平常的物体，用望远镜望去是L状，用六分仪看去是圆筒状，宇航员形容："像个打开的手提箱。"

▲人类想象的外星球。

1969年11月20日，太阳神12号宇宙飞船上的航天员在登月途中发现不明飞行物；1971年8月太阳神15号、1972年4月太阳神16号、1972年12月太阳神17号……这些宇航员都在登月时看见过不明飞行物。种种迹象表明，我们的月球上似乎真的有外星人的基地。

▲登陆月球的宇航员。

▲人类对月球的探索从未停止。

沙漠基地
AOMI TIANXIA

探索的动力

人类对未知世界的探索从未停止过，很多神秘事件对人类有着非常大的吸引力，这也正是人类积极探索的巨大动力。

藏身沙漠的外星人

荒凉的沙漠对目前的人类来说似乎还没有太大的利用价值，但是外星人很有可能就藏身在沙漠之中，研究着人类的世界。

在许多UFO案例中，中国的新疆、非洲的撒哈拉等地是UFO经常出没的地方。荒漠地区频繁出现UFO，这引起了广大专家学者们的高度重视。

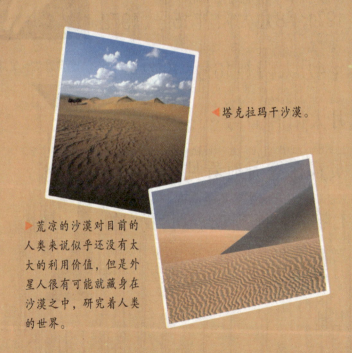

▶塔克拉玛干沙漠。

▶荒凉的沙漠对目前的人类来说似乎还没有太大的利用价值，但是外星人很有可能就藏身在沙漠之中，研究着人类的世界。

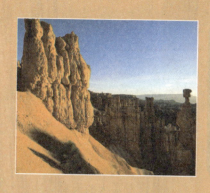

无穷的魅力

沙漠以其无穷的魅力不仅吸引着人类对它的探索，还吸引着外星生物。

每年，牧羊人乌尔姆兄弟俩有一半时间都是在撒哈拉沙漠中的几个绿洲间放牧。1978年秋，兄弟俩在提迪克勒特绿洲的一条溪流边宿营，一天晚上21时左右，他们在河岸上燃起火开始烤羊腿。这时突然吹来一阵风，刮得火星四溅，突然有一个黑

栖息之地

荒无人烟的沙漠也许是外星生命最好的栖息地。

外星人的天堂

人们认为沙漠是生命的极限。可是，也许这种环境正是外星人的天堂。

hū hū de dōng xi zhèng zài tiān kōng zhōng pán xuán　nà
乎乎的东西正在天空中盘旋，那

shàng miàn méi yǒu yì sī guāng liàng　yě méi yǒu yì diǎn
上面没有一丝光亮，也没有一点

shēng yīn　zhǐ shì yǒu yì gǔ qì làng chuī de huǒ miáo luàn
声音，只是有一股气浪吹得火苗乱

tiào bù yí huìr　nà ge hēi hū hū de wù tǐ zài
跳。不一会儿，那个黑乎乎的物体在

zhōu wéi zhuàn le jǐ quān jiù xiàng dōng nán fāng xiàng fēi
周围转了几圈就向东南方向飞

qù　hěn kuài jiù xiāo shī bú jiàn le
去，很快就消失不见了。

lèi sì de àn lì hái yǒu hěn duō hěn duō　yǒu
类似的案例还有很多很多。有

▲沙漠中的绿洲。

人猜测，在撒哈拉沙漠的一隅，也许存在着一个秘密的不明飞行物基地。而UFO选戈壁滩作为基地，可能有以下三个原因：

首先，外星人要在地球上频繁降落，要选择沙地作为软着陆场地，戈壁滩沙漠无疑是他们最好的选择；其次，据专家分析：外星来的飞碟尽量避免同地球人发生第三类接触，即近距离接触的倾向。所以，人迹罕至的浩瀚戈壁沙漠理所当然地成为首选场所；此外，沙漠是陆地的重要组成部分，外星人研究地球，沙漠自然就成了一个不可缺少的课题。

南极基地
AOMI TIANXIA

nán jí zhōu yǒu yí gè miàn jī wéi wàn píng
南极洲有一个面积为25万平

fāng qiān mǐ de hú pō zhuān jiā men yán jiū le zhè
方千米的"湖泊"。专家们研究了这

ge hú pō jiāng qí mìng míng wéi wéi dé ěr hú rú
个湖泊,将其命名为韦德尔湖。如

guǒ shuō yóu yú zhì jīn bù míng yuán yīn de dà qì wū
果说,由于至今不明原因的大气污

rǎn shǐ nán jí zhōu shùn jiān cún zài shǎo liàng de shuǐ shàng
染使南极洲瞬间存在少量的水尚

kě lǐ jiě de huà nà me yí gè dà miàn jī de hú pō cún zài shù rì zhī jiǔ zé shì wéi bèi zì
可理解的话,那么一个大面积的湖泊存在数日之久则是违背自

rán fǎ zé de
然法则的。

▲美丽的南极冰川景观。

▲神秘的南极地区。

duì cǐ　　dōng xī fāng kē xué jiā men lì　jí xiǎng dào　zhè ge hú pō de cún zài kě néng shì
对此，东西方科学家们立即想到，这个湖泊的存在可能是

dì qiú rén huò bié de shén me rén zài nán jí zhōu huó dòng de　jì xiàng bù jiǔ　yì zhī měi sū lián
地球人或别的什么人在南极洲活动的迹象。不久，一支美苏联

hé kǎo chá duì bēn fù nán jí zhōu
合考察队奔赴南极洲，

tā men zhǎo dào le nà piàn dà miàn
他们找到了那片大面

jī de hú pō　duì yuán men duì hú
积的湖泊。队员们对湖

寒冷的南极

南极地区人迹罕至，随着人类科技水平的提高和对南极好奇心的增加，人类的南极科考工作一直没有间断，那么外星人是不是也对南极充满了兴趣呢？

面进行了探测，他们发现滚烫的间歇泉水不断涌出，湖水污染严重，可是周围根本不存在火山活动。考察报告宣称：南极洲冰层下可能存在着一个"秘密的基地"，只有这种假设能解释这奇怪的湖水和热泉。报告还指出：人类在该地区看见过许多UFO活动，他们认为，外星人很可能在地球人很少踏足的南极洲建立了自己的基地。

▼ 南极真的有UFO基地吗？

CHAPTER 6 第六章

专家对 UFO 的探索

神秘的 UFO 现象拨动了人们探索的心弦，带着一种对未知世界的探索，对更高文明的追求，科学家们正尝试着开启神秘的 UFO 之门……

科学家眼中的 UFO

AOMI TIANXIA

▲ 正在做实验的科学家。

hǎi ěr màn ào bó tè bó shì shì jiè shang dì
海尔曼·奥伯特博士是世界上第

yī gè zhēnzhèng yán jiū de kē xué jiā bèi yù wéi
一个真正研究UFO的科学家，被誉为

yǔ zhòuháng xíng zhī fù tā shì jiàn lì xiàn dài huǒ jiàn
"宇宙航行之父"，他是建立现代火箭

lǐ lùn jī chǔ de wěi dà kē xué jiā shòu dé guó zhèng fǔ
理论基础的伟大科学家。受德国政府

zhī tuō tā cóng nián qǐ de sān nián nèi zài yuē
之托，他从1953年起的三年内，在约

jiàn mù jī bào gào tí dào de cán piànzhōngxuǎn chū zuì kě xìn lài de jiàn
70 000件目击报告提到的UFO残片中选出最可信赖的800件，

cóngzhōng tuī suàn de hángkōnggōngchéngxìng néng bìng dé chū yǐ xià jié lùn kē xué kě yǐ
从中推算UFO的航空工程性能，并得出以下结论："科学可以

神秘的 UFO

UFO可以像直升机一样悬停，却不产生强烈的气流，这就排除了UFO使用喷气式发动机的可能，因此有人认为UFO装有可以抵消重力的装置。

▲人类发射的人造卫星有时候也会接到一些奇怪的信号。

把不可能和不能证实的问题看做可能，为了说明观察事实，必须充分地考虑科技假说。在已有假说中，UFO是地外智慧生命操纵的飞行物，最符合观察事实"。

法国天文学家、计算机学家贾克·瓦莱博士，1954年对从西

▼神秘的海底也会有外星人的存在吗？

▼UFO离我们也许并不遥远。

合理的猜想

目击事件中的UFO的飞行方式与人类的航天器完全不同，因此很多人猜想，UFO并不是利用空气动力学中的升力飞行的。

关于UFO的争论

对于UFO存在与否以及UFO是否是地外生命的科技产物等问题，科学界始终没有形成相对权威和统一的说法。

欧到中东集中发生的200件以上的目击不明飞行物事件进行统计分析，在1966年公布他的研究成果时表示，要把UFO着陆的报道作为研究对象，并承认UFO可能是被智慧生物控制的可能性。

有许多科学家曾目击过UFO，如著名天文学家、冥王星的发现者C·W·汤博。1979年8月20日，他和家人在新墨西哥州拉

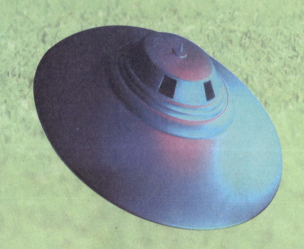

sī kè lǔ sāi sī de zhù zhái zhī wài kàn dào　　gè chángfāng
斯克鲁塞斯的住宅之外看到6~8个长方

xíng de lǜ guāng qún
形的绿光群。

dì qiú zhī wài cún zài zhì huì shēng wù　　zhè shì
地球之外存在智慧生物,这是UFO

yán jiū zhōng de zhǔ yào liú pài de gēn běn guāndiǎn　jìn nián lái
研究中的主要流派的根本观点,近年来

suī rán réng zài bú duàn chū xiàn　　kě rén men què méi yǒu
UFO虽然仍在不断出现,可人们却没有

chōng fèn de zhèng jù lái zhèngmíng　　　　jiù shì wài xīng zhì huì
充分的证据来证明UFO就是外星智慧

shēng wù de yǔ zhòu fēi chuán
生物的宇宙飞船。

形状

在众多的 UFO 目击事件中,人们所描述的 UFO 大多是碟形的。

影响

科学家们希望外星人能给地球带来更加先进的科学技术,以推动人类文明的快速发展。

疑惑

神秘的星际到底哪颗星球上有外星生命呢? 这个问题令科学家们也疑惑不解。

生活

外星人的生活是否也与人类类似呢?

美国的 UFO 调查组织

AOMI TIANXIA

美国的"飞行器内部系统调查组"(简称"设计调查组")是一个非赢利性的团体,由医生、航天工程师、科学家等专业人员和支持他们的政府部长、艺术家及新闻界人士组成。该组织的研究重点放在了UFO内部系统与工程学的研究上。

目前,设计调查组已经收集了数十起外星人劫持人质案例。

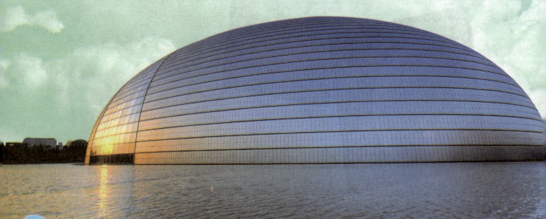

设计调查组已经把有关问题列了表，这对调查劫持案例的人员会有帮助。

1969年5月31日，"美国中西部不明飞行物共同组织"正式成立，1973年6月17日更名为"不明飞行物共同组织"，简称为"MUFON"。

▲人类对 UFO 还知之甚少。

该组织由董事会统一管理，董事会由15人组成，他们之中有负责领导整个组织的负责人、4名地区董事和其他主要部

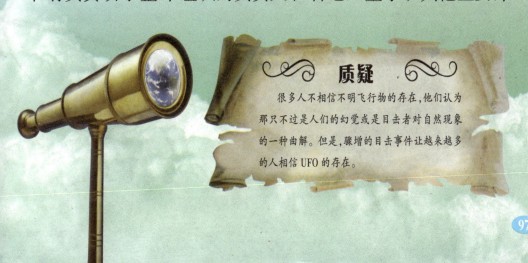

质疑

很多人不相信不明飞行物的存在，他们认为那只不过是人们的幻觉或是目击者对自然现象的一种曲解。但是，骤增的目击事件让越来越多的人相信 UFO 的存在。

^{mén de dǒng shì} ^{zài běi měi zhōu} ^{gè zhōu de gōng zuò fēn bié yóu gè zhōu}
门的董事。在北美洲,各州的工作分别由各州

^{de dǒng shì fù zé lǐng dǎo} ^{měi zhōu yòu àn dì lǐ wèi zhì fēn chéng yóu}
的董事负责领导。每州又按地理位置分成由

^{jǐ gè xiàn shì zǔ chéng de xiǎo zǔ} ^{gè zhōu de qū dǒng shì fù zé lián}
几个县市组成的小组,各州的区董事负责联

^{luò gè zhuān yè diào yán rén yuán de yán jiū huó dòng} ^{bù míng fēi xíng wù}
络各专业调研人员的研究活动。不明飞行物

^{gòng tóng zǔ zhī yǔ gè guó dǒng shì huò zhù gè guó de wài guó dài biǎo bǎo}
共同组织与各国董事或驻各国的外国代表保

▼无处不在的 UFO。

▲ 行踪诡异的外星人。

▲ 人类一直在试图与外星人建立联系。

持联系。顾问咨询委员会由研究主任詹姆斯·麦克坎培尔负责，其中大部分顾问都在他们各自的专业领域里拥有博士学位。由于各专业的调研人员是不明飞行物共同组织的重要组成部分，因此他们也受到了世界各国UFO研究者的重视。

宇宙探索计划

AOMI TIANXIA

探索和研究

寻找地外文明，是宇宙学研究的一个新的方向，这样的探索活动吸引了无数充满好奇心的科学家。

地外文明

地外文明是地球以外的其他天体上可能存在的高级智慧生物所创造的文明的统称，人类对地外文明的探索从未停止。

在"宇宙中生命普遍存在"这一信念的指引下，人类不断掀起探索地外文明的热潮。随着射电天文学的蓬勃发展和一系列新型测量仪器、观测设备的出现，探索

◀火星探测车。

无尽的探索

外星人对于人类来说，还是一种未知事物，所以人类正在想方设法解开外星人神秘的面纱。

宇宙空间

宇宙空间中的其他星球上的环境千差万别，所以科学家推测，

小行星带

目前，人类把寻找地外生命的重点放在了介于火星和木星轨道之间的小行星带上。

地外文明终于从理论走向了实践。

1997年6月，研究近地小行星会合的航天计划开始执行，卫星拍摄了火星和木星之间的小行星带；7月，"国际远紫外线旅行者"号将寻找太阳远紫外线放射的长期变化，"火星探路者"号在火星着陆；8月，"高级成分探测者"将通过分析宇宙粒子来研究太阳系的形成和演变；9月，

▲宇宙空间探测器。

huǒ xīng quán qiú tàn cè zhě jiāng jìn rù huán huǒ xīng guǐ dào
"火星全球探测者"将进入环火星轨道。

yǔ cǐ tóng shí kǎ xī ní hào jiāng qǐ chéng fēi xiàng tǔ
与此同时,"卡西尼"号将启程飞向土

xīng duì tǔ xīng jí qí wèi xīng jìn xíng wéi qī sì nián de guān cè
星,对土星及其卫星进行为期四年的观测;

yuè qiú tàn cè zhě rào yuè qiú fēi xíng yì nián tàn cè yuè qiú de
"月球探测者"绕月球飞行一年,探测月球的

gòu chéng děng qíng kuàng yuè rè dài jiàng yǔ cè liáng wèi xīng shì dì yī kē zhuān mén yòng yú
构成 等情况;11月,"热带降雨测量卫星"是第一颗专门用于

cè liáng rè dài hé yà rè dài jiàng yǔ de wèi xīng yě shì dì yī cì lì yòng kōng zài léi dá guān cè
测量热带和亚热带降雨的卫星,也是第一次利用空载雷达观测

jiàng yǔ de wèi xīng
降雨的卫星。

CHAPTER 7 第七章

第三类接触

第三类接触是指人类与外星人进行的直接接触。UFO 事件时常发生,人类对 UFO 充满了好奇。如果有一天外星人真的在地球上出现,不知道那对人类来说将会是机遇还是灾难。

地外生命对人类的态度

AOMI TIANXIA

如果真的存在外星人,那不妨想象一下,这些智慧生命对我们可能抱有的几种态度,由此我们可以确定对他们采取什么态度,同时决定是否回应他们的来电。

▼ 地外生命会是友好的吗?

第一种是外星人对我们抱着理解与关心的态度。外星人愿意向我们提供尖端的科学理论、技术,以及其他各类情报,指点我们科学的研究方向。

地外生命

地外生命是地球以外的生命体的统称。随着人类对宇宙认识的深入,人们相信广袤的宇宙中人类并不是唯一的生命体,而且越来越多的现象都证明了地外生命的存在。

第二种 是外星人理解我们，但不关心我们，换句话说，他们对我们怀有好意，却不帮助我们什么。如果外星人的文明程度远远超过了我们地球人几千年或者更长的时间，恐怕他们将会用怀疑的目光观察我们，就像我们以同样心理看昆虫是否具有智慧一样。

▲ 恐惧的人类。

准备

如果地外生命真的存在，他们很有可能会来"拜会"地球，人类必须做好准备"迎接"来意不明的外星人。

105

▲地外生命体假想图。

dì sān zhǒng tài du shì biǎo shì guān xīn　dàn bù
第三种态度是表示关心,但不

lǐ jiě wǒ men　yě jiù shì shuō　tā men zhī suǒ yǐ duì
理解我们,也就是说,他们之所以对

wǒ men gǎn xìng qù　zhǐ bu guò shì chū yú shí yòng de
我们感兴趣,只不过是出于实用的

guān diǎn　bǐ rú xiǎng guān guāng yí xià dì qiú shang de
观点,比如想观光一下地球上的

měi jǐng
美景。

hái yǒu yì zhǒng　jiù shì jì bù gǎn xìng qù　yòu
还有一种,就是既不感兴趣,又

不理解。不过这种可能性很小，因为果真如此，几千年来飞碟、外星人就不会频繁光临地球了。

那么，人类果真能和外星人达到相互理解的地步吗？就人类目前的状态来看是很难达到的。尽管这样，人类还是越来越趋向大同，寻求和平与相互理解。人类和其他外星文明相遇将意识到自己在宇宙中的地位，说不定会加速人类社会本身的大发展呢！

外星人的多样类型

AOMI TIANXIA

mù qián rén men jiāng jiàn dào de wài xīng rén dà zhì fēn chéng ǎi rén xíng méng gǔ rén xíng
目前,人们将见到的外星人大致分成矮人型、蒙古人型、

jù zhǎoxíng fēi yì xíng sì lèi
巨爪型、飞翼型四类。

ǎi rén xíng lèi rén shēngmìng tǐ shēn gāo wéi mǐ nǎo dai dà qián é yòu gāo
矮人型类人生命体身高为0.9~1.35米,脑袋大,前额又高

yòu tū hǎo xiàng méi yǒu ěr duo shuāng mù yuánzhēng tā men de zuǐ shì yí gè fēi chángyuán yǒu
又凸,好像没有耳朵,双目圆睁。他们的嘴是一个非常圆、有

着奇怪皱纹的孔，下
巴又尖又小。手臂纤
长，脖颈肥大，双肩
又宽又壮，身穿金
属连裤服或潜水服。

奇特的外星人

外星人可能并不都是人类想象中的那种类人生物，也有可能是这种会飞的生物。

蒙古人型类人生命体身高1.20~1.80米，各个部位都与地球人相近，肤色黝黑，像亚洲人，是人们遇到最多的类型。

巨爪型和飞翼型类人生命体则是长着巨爪、会飞的外星人。

人们推测，各种各样的外星人要不就是属于不同文明，要不就是执行任务时做的不同掩饰。

探寻 UFO 飞行原理

·AOMI TIANXIA

zài suǒ yǒu rén men suǒ guān chá dào de　　　　shì jiàn zhōng　fēi dié bù jǐn yǒu gāo sù fēi
在所有人们所观察到的UFO事件中,飞碟不仅有高速飞

xíng de jīng rén néng lì　tóng shí yòu néng kè fú jiā sù fēi xíng shí suǒ chǎn shēng de chāo zhòng zhàng
行的惊人能力,同时又能克服加速飞行时所产生的超重障

ài　kē xué jiā men yóu cǐ tuī duàn　zài wēi guān shì jiè de shēn chù　wài xīng rén kě néng yǐ jīng zhǎo
碍。科学家们由此推断:在微观世界的深处,外星人可能已经找

dào le　yí gè néng chǎn shēng qiáng dà zhòng lì chǎng de xīn jī zhì bìng shè lì yí gè　　dà chǎng
到了一个能产生强大重力场的新机制并设立一个"大场",

tā men zhèng shì yī kào zhè zhǒng duì dì qiú rén lái shuō hái wán quán shì huàn xiǎng shì de zhòng lì chǎng
他们正是依靠这种对地球人来说还完全是幻想式的重力场

jī zhì　lái kè fú chāo zhòng de kùn nan
机制,来克服超重的困难。

fēi dié shì fǒu néng yǐ chāo guāng sù fēi xíng　zhè shì kē xué jiā men fēi cháng gǎn xìng qù de wèn
飞碟是否能以超光速飞行,这是科学家们非常感兴趣的问

题，他们正在探索宇宙中到底有没有以超光速运动的物质。

高速物质的主要特点在我们所在的慢速世界里是无法发现的。尽管高速物质还仅仅是个假设，但我们不能排除这种可能性。

ⓒ 崔钟雷 2012

图书在版编目(CIP)数据

孩子最爱看的外星人奥秘传奇 / 崔钟雷编著.—沈
阳：万卷出版公司，2012.6（2019.6重印）
　（奥秘天下）
　ISBN 978-7-5470-1882-8

Ⅰ.①孩…　Ⅱ.①崔…　Ⅲ.①地外生命－少儿读物
Ⅳ.①Q693-49

中国版本图书馆 CIP 数据核字（2012）第 090617 号

出版发行：北方联合出版传媒（集团）股份有限公司
　　　　　万卷出版公司
　　　　　（地址：沈阳市和平区十一纬路 29 号 邮编：110003）
印 刷 者：北京一鑫印务有限责任公司
经 销 者：全国新华书店
幅面尺寸：690mm×960mm　1/16
字　　数：100 千字
印　　张：7
出版时间：2012 年 6 月第 1 版
印刷时间：2019 年 6 月第 4 次印刷
责任编辑：邢和明
策　　划：钟 雷
装帧设计：稻草人工作室
主　　编：崔钟雷
副 主 编：张文光　翟羽朦　李 雪
ISBN 978-7-5470-1882-8
定　　价：29.80 元

联系电话：024-23284090
邮购热线：024-23284050/23284627
传　　真：024-23284448
E－mail：vpc_tougao@163.com
网　　址：http://www.chinavpc.com